如果你有

恐龙的身体

[美] 桑德拉·马克尔 著

[英] 霍华德·麦克威廉 绘

梁宝丹 译

中信出版集团 | 北京

U0258280

献给萨拉和阿肯色州卡博特的马格内斯小·学的学生们。

图书在版编目（CIP）数据

如果你有恐龙的身体/（美）桑德拉·马克尔著；
（英）霍华德·麦克威廉绘；梁宝丹译.--北京：中信
出版社，2020.9（2023.3重印）
（如果你有动物的尾巴）
书名原文：What If You Had T.rex Teeth!? And
Other Dinosaur Parts
ISBN 978-7-5217-2119-5

Ⅰ.①如… Ⅱ.①桑…②霍…③梁… Ⅲ.①动物－
儿童读物 Ⅳ.①Q95-49

中国版本图书馆CIP数据核字(2020)第151199号

Text copyright©2019 by Sandra Markle
Illustrations copyright©2019 by Howard McWilliam
All rights reserved. Published by Scholastic Inc.
Simplified Chinese translation copyright©2020 by CITIC Press Corporation
ALL RIGHTS RESERVED
本书仅限中国大陆地区发行销售

如果你有恐龙的身体
（如果你有动物的尾巴）

著　者：[美]桑德拉·马克尔
绘　者：[英]霍华德·麦克威廉
译　者：梁宝丹
出版发行：中信出版集团股份有限公司
　　　　（北京市朝阳区东三环北路27号嘉铭中心　邮编 100020）
承印者：北京联兴盛业印刷股份有限公司

开　本：880mm×1230mm　1/16　　印　张：6　　字　数：150千字
版　次：2020年9月第1版　　印　次：2023年3月第12次印刷
京权图字：01-2020-4688
书　号：ISBN 978-7-5217-2119-5
定　价：45.00元（全3册）

出　品：中信儿童书店
图书策划：红披风
策划编辑：段迎春　责任编辑：刘 杨
营销编辑：马 英 谢 沐 王 沛 刘天怡 金慧霖 陆 琼 徐昇声
装帧设计：李晓红

版权所有·侵权必究
如有印刷、装订问题，本公司负责调换。
服务热线：400-600-8099
投稿邮箱：author@citicpub.com

想象一下，如果有一天，当你睁开眼睛，忽然发现身体变得和平时不一样了。仅仅一夜之间，你的身体长出了恐龙身体的某个部位，你会怎么办呢？

霸 王 龙

霸王龙是肉食恐龙，它长有约 60 颗牙齿，每颗有 18 厘米长。它的牙齿很厚，略微弯曲，每颗牙齿都有锋利的锯齿状边缘，就像一把牛排刀。当霸王龙闭上嘴巴时，上下牙齿可以像人类交叉的手指那样紧密咬合。科学家认为，霸王龙下颚肌肉发达，咬合力极强，甚至可以咬碎骨头。这就不难解释，科学家为什么能从其他恐龙的骨头上发现霸王龙的咬痕了！

小秘密

霸王龙在咬骨头的时候，牙齿也会折断或者磕掉，但从出土的霸王龙下颌骨化石来看，它会不断长出新的牙齿。

如果你有霸
王龙的牙齿，
那你在吃牛排时
就不需要用刀啦。

迅猛龙

迅猛龙后肢的第二个脚趾呈镰刀状，借助这根脚趾，它们能顺利抓捕猎物。迅猛龙体型很小，从鼻子到尾部的长度可能有大约两米。迅猛龙的前肢较短，后肢长而有力，脚掌大，奔跑起来迅疾如风。科学家认为，迅猛龙会潜行接近猎物，迅速一跳，同时用镰刀状脚趾攻击猎物，然后，食物就到手了！

小秘密

迅猛龙长着堪称完美的食肉动物牙齿，它们尖锐且锋利，看起来像牛排刀的锯齿一般。

如果你有迅猛龙的镰刀状脚趾，那你眨眼间就能拆开礼物啦。

剑龙

剑龙是一种巨大的草食动物，尖尖的尾巴是它自带的防御系统。它的尾巴两侧各有一对长约 60 厘米的长刺。剑龙的尾巴由 45 到 49 块不同的尾骨组成，科学家据此认为它们可以很轻松地左右摆动尾巴，甚至可以上下甩动。砰！尾巴响亮的一击就能打退敌人。

小秘密

剑龙背部有一排突出的扁平骨板，科学家认为剑龙会通过展示这排骨板来求偶。

如果你有剑龙带刺的尾巴，你就可以用它在篝火旁烤棉花糖啦。

副栉龙

副栉龙的头顶长着长度惊人的头冠，有的头冠甚至有 1.5 米长。科学家通过对副栉龙的头骨化石进行 X 光和 CT 扫描，发现头冠里面布满了呼吸管。这些呼吸管延伸到头冠的顶端，然后再回到它的喉咙。科学家试图通过向头冠模型吹气，来弄清楚这种恐龙可能发出的声音。实验表明，头冠的长度会影响发声，因此每只副栉龙发出的声音都不同。

小秘密

科学家认为，副栉龙耳骨的大小和形状很特别，这有利于它们听到远处传来的低音。

如果你有副
栉龙的头冠，
那你就可以指挥
学校的乐队啦。

甲龙

甲龙看起来像坦克一样，全身披着铠甲。它的铠甲由皮肤上的骨板组成。科学家们发现了多种具有此类特征的恐龙，就将它们命名为甲龙类。有些甲龙的骨板较扁平，有些甲龙的骨板长有棘刺，还有一种甲龙甚至长着骨质眼睑！即便如此，所有甲龙都长着头盔状的头骨。

小秘密

有些甲龙自带武器，它们坚硬的尾巴末端长有尾锤。

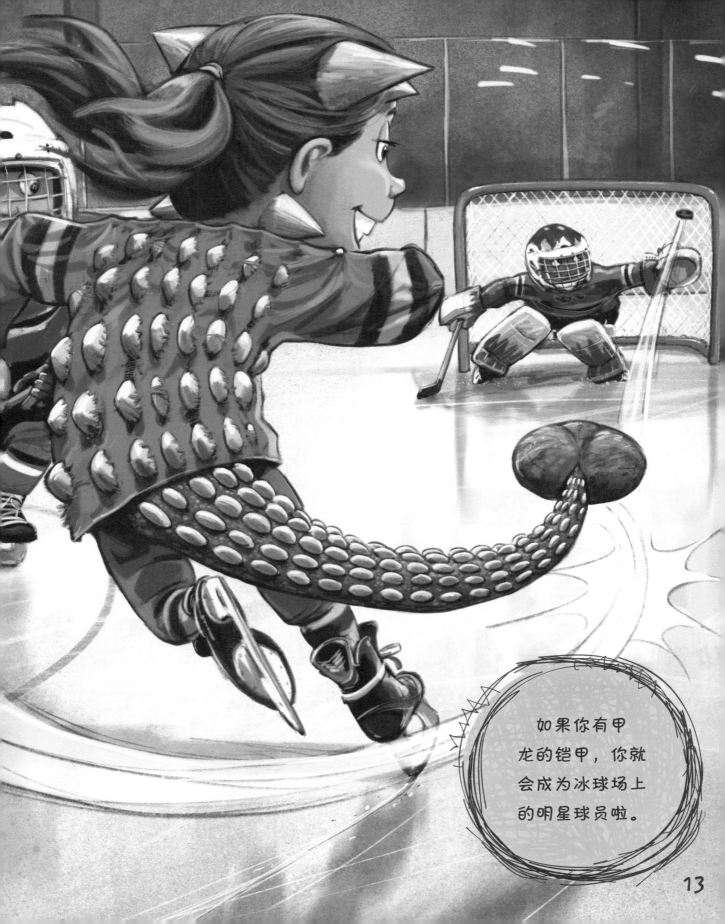

如果你有甲龙的铠甲，你就会成为冰球场上的明星球员啦。

13

腕龙

腕龙是长着长长的脖子的草食动物，它很适宜咀嚼高处的树枝，因为它的脖子可以达到9米长，有三层楼那么高！

腕龙的13块颈骨上面布满了洞，所以腕龙的脖子很轻，抬起来也不费力。腕龙的牙齿不适宜咀嚼，吞咽的食物要由内脏完成全部的消化工作。而且，腕龙吞咽一次食物需要的时间太长了！

小秘密

这种恐龙之所以被命名为腕龙，是因为它们的前肢比后肢长——腕龙在希腊语中的意思是"手臂爬行动物"！

如果你有腕龙的脖子，那你在看电影的时候就会很方便。

15

镰刀龙

镰刀龙的前肢上长着近 60 厘米长的爪子。起初，科学家以为这些长爪子意味着镰刀龙是肉食恐龙。但是通过研究化石，科学家发现镰刀龙的爪子太纤薄了，不利于捕捉猎物。而且，镰刀龙长着草食动物的喙状嘴和很小的牙齿。现在，科学家认为镰刀龙是草食恐龙。进食时，它们会用巨大的爪子将多叶的树枝拉近，然后吃上一大口。

小秘密

镰刀龙的牙齿很小，科学家认为它们会吞下一些小石头来帮助消化胃里的树叶。

如果你有镰
刀龙的爪子，那
你就可以做出美丽
的树篱雕塑啦。

埃德蒙顿龙

埃德蒙顿龙的下巴像铲子一样，非常适合挖掘灌木植物。当它用下颚肌肉发力闭上嘴时，坚硬的喙就会切断植物。然后，它的下颚肌肉再次发力，带动将近 700 颗小牙齿将食物嚼碎。这些小牙齿挨得很近，聚在一起就像巨大的臼齿。科学家认为埃德蒙顿龙不挑食，发现什么就吃什么，它们的食谱上有叶子、浆果、种子，甚至包括小贝类。

小秘密

从一块曾经被埃德蒙顿龙躺过的罕见岩石来看，它们的身体表面长着很小的六角形鳞片。

如果你有埃德蒙顿龙的铲状下巴，那你参加吃东西比赛一定稳操胜券。

三角龙

三角龙巨大的头骨上有三只角。成年三角龙鼻子上的短角约有 30 厘米长，而它们额头上的两只长角可以达到 90 厘米长！在这些角的后面，三角龙的头颈被长着花边褶饰的颈盾保护着。科学家认为，这种全副武装的恐龙能在被肉食恐龙攻击时奋力一搏。不过科学家在三角龙的角上发现了划痕，这意味着它们也可能在争夺配偶时用角打架。

小秘密

从三角龙额头上的角可以看出来它们的年龄。三角龙宝宝的额头只有小突起，幼年三角龙的角是弯曲的，成年三角龙的角很长且向前生长。

如果你有三角龙的角，那你就可以在旅途中带很多东西啦。

双冠龙

双冠龙站立时有 2.4 米高，后肢很长。科学家通过研究双冠龙的骨骼发现，它们的后肢上附着了很多大块肌肉，这意味着这种恐龙跑得飞快！双冠龙的足迹化石表明它们的脚掌上有三个脚趾，这让它们步履轻快，可以快速转身和跳跃。双冠龙还拥有锋利的牙齿，科学家据此猜测它们喜欢吃"快餐"，擅长追击掠食。

小秘密

科学家借助骨质头冠来识别这种恐龙。

如果你有双冠龙的后肢，那你就会变成备受瞩目的明星舞者啦。

棘龙

棘龙的背部长着巨大的帆状物，它的上面覆盖着含角蛋白的皮肤（和人类指甲的成分相同），靠从脊椎骨延伸出来的神经棘支撑，这些棘的高度可达 1.8 米！从棘龙的骨架可以看出，它背上的帆状物和脊椎骨紧密连接在一起。科学家认为，这种结构可以使它的帆状物保持直立并且完全张开，这样棘龙就可以炫耀了！巨大的帆状物可以吸引未来配偶的目光，也能吓跑其他准备攻击它的恐龙。

小秘密

宽阔的脚掌、长长的脚趾和扁平的爪子，让棘龙在浅水中捕猎的时候也不会陷入泥中。

如果你有棘龙的帆状背部，你就会成为帆板运动的佼佼者啦。

　　有了恐龙的某个身体部位，你可能会在某个时刻变得很酷。但是，即使没有9米长的脖子，你也能够到食物，也不用费很大力气来咀嚼；即使没有长长的头冠来调整发音，你也能发出悦耳的声音；你也不需要一个巨大的帆

来引起别人的注意。但如果你能拥有一天恐龙的某个身体部位，哪个会比较
适合你呢？

幸运的是，你不需要选择，你并没有生活在很久以前的恐龙时代，你生活在现代世界，你身体的所有部位都是人类的。

你需要这些身体部位，它们构成了独一无二的你。

恐龙有什么特点呢？

恐龙不只是古老的爬行动物。

科学家比较了恐龙和爬行动物（比如鳄鱼和蜥蜴）的骨骼后发现，大多数爬行动物的臀部结构导致它们的腿长在身体两侧。所以它们需要把肚子抬离地面，左右摆动身体才能前进。但是恐龙的臀部结构使它们的后肢直接连接在臀部下方。这样恐龙就能抬起身体，很容易就可以向前走或者跑起来。有些恐龙甚至可以站起来，用两条后肢走路。

并不是所有的恐龙都生活在同一时期。看看这些具有代表性的恐龙都生活在哪个时期吧！

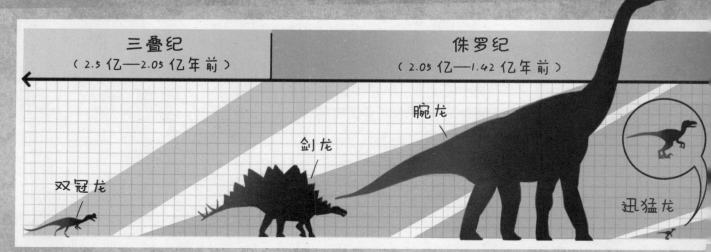

三叠纪
（2.5 亿—2.05 亿年前）

侏罗纪
（2.05 亿—1.42 亿年前）

腕龙

剑龙

双冠龙

迅猛龙

为什么这些恐龙现在不存在了呢？

一种说法认为，当时有一颗巨大的陨石从太空坠落，当陨石撞击地球时，产生了很多灰尘，它们阻挡了阳光，导致很多植物枯萎死亡。没有足够的食物，草食恐龙灭绝了，随后肉食恐龙也灭绝了。

另一种说法认为，巨大的火山爆发持续了数千年。火山爆发释放了有毒气体，空气中的火山灰阻挡了阳光。这也造成了致命的连锁事件：植物死亡，草食恐龙和肉食恐龙相继灭绝。

两种说法哪种都有可能，实际上，一些科学家认为是这两个原因共同促使恐龙时代终结的。

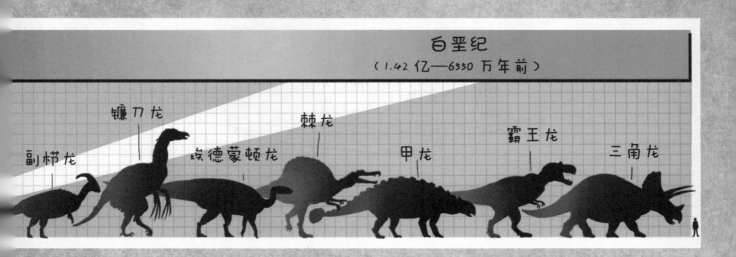

白垩纪
（1.42 亿—6550 万年前）

副栉龙　镰刀龙　埃德蒙顿龙　棘龙　甲龙　霸王龙　三角龙